思維遊戲大挑戰

保羅・馬丁 著

真相只有一個 ③

U0061215

新雅文化事業有限公司
www.sunya.com.hk

來，找出所有罪犯！

準備……開始！

這是有待你去偵破的案件。請先了解案情以及需要解決的謎題。

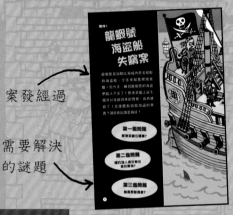

案發經過

需要解決的謎題

請你仔細觀察案發現場的內部環境，並仔細閱讀供詞，這是破案關鍵。

受害者

供詞

嫌疑犯

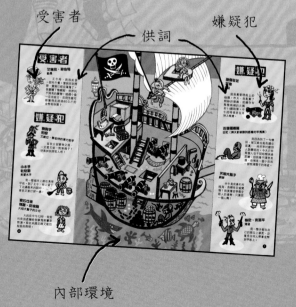

內部環境

閱讀破案線索，可以幫助你解決謎題。

破案線索

你需要同時觀察案發現場的外部環境，才能解開謎題。請你沿着虛線，將左頁向右摺，再將右頁向左摺，便可觀察外部環境。

外部環境

內部環境

若想查看內部環境，請再打開摺疊的頁面。

你可以在本書的最後部分找到破案方法，揭開真相！

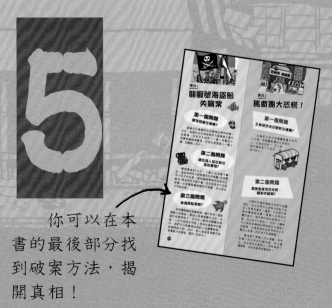

龍蝦號海盜船失竊案

龍蝦號是加勒比海域內惡名昭彰的海盜船，令往來船隻聞風喪膽。但今天，輪到龍蝦號的海盜們陷入不安了！原來是船上這七個月以來搶回來的寶物，竟然被偷走了！是誰膽敢偷取海盜的東西？請你查出誰是叛徒！

第一個問題

寶物被藏在哪裏？

第二個問題

哪四個人肯定無法偷取寶物？

第三個問題

誰是罪魁禍首？

受害者

艾維拉·翠伯特
船長

　　正午時，我和約瑟一起吃午餐。當我回到房間，寶箱已經空蕩蕩了。我翻遍了整艘船，依然找不到我的寶物！這個小偷一定很有力，否則怎麼可能搬得走超過80公斤的金幣和珠寶？

嫌疑犯

雙鉤手
約瑟
艾維拉·翠伯特的得力助手

　　等我分到寶物之後，一定要打造一對新鉤子！快點抓到那犯人吧！

小水手
杜杜斯
見習水手

　　我一整個早上都在清理甲板。到了正午，有人留下了沾滿粉末的鞋印，害我又要打掃一遍！

寶石女孩
瑪麗·皮埃爾
火焰大鬍子的女兒

　　大約在中午12時，爸爸叫我到底艙給他拿馬鈴薯來熬湯。我從未踏足過艾維拉船長的房間。

嫌疑犯

砲彈狂花
艾琳
海盜

我負責管理船上的砲彈。昨天，我點算了剩餘的彈藥：底艙存有整整兩桶的火藥和11顆砲彈。中午的時候我在吊牀上睡覺。

近視獨眼龍
囚犯（兩天前被關到底艙的牢房裏）

我因為說了一句髒話，被艾維拉船長關在這裏……她非常討厭別人說髒話的。今天只有兩個人在不同時間來過底艙，但我看不清楚是誰，依稀是一個小孩和一個長滿鬍子的海盜。

火焰大鬍子
廚師

中午是我最忙的時刻，我哪有空偷寶物！我要獨自準備全船人的食物，只靠我一個人啊！

尊尼·克洛平
海盜

我一整天都在自己的崗位上掌舵，沒看見任何人帶着金幣到甲板上。

破案線索

幫助你解決謎題

第一個問題

寶物被藏在哪裏？

雖然我們無法在圖中找到寶物，但請仔細觀察底艙的情況，跟嫌疑犯的供詞不太一樣。

第二個問題

哪四個人肯定無法偷取寶物？

請根據各人的外貌、氣力及工作時間，排除四個不可能犯案的嫌疑犯。

第三個問題

誰是罪魁禍首？

其中一個嫌疑犯提供了有關毛髮的線索。沿這線索推理，你就會知道真正的犯人！

真相在第58頁揭開！

馬戲團大恐慌！

芝歌瑪馬戲團以各種珍禽異獸的表演馳名。可是，今天卻有人利用這些動物來犯罪！犯人把籠子裏的蟒蛇放出來，趁觀眾和演員恐慌之際，把馬戲團的收銀箱偷走了。現在，請你破解這宗嚇人的盜竊案。

第一個問題
五條被放走的蟒蛇在哪裏？

第二個問題
是誰偷偷地放走了蛇，竊取收銀箱？

證人

安德烈·澤弗遜
收銀員

我看到觀眾在四處逃竄，所以從收銀車走出來查看情況。我記得已鎖好車門，只留下一扇非常小的天窗。

大蟒蛇安娜
蟒蛇馴獸師

我的車裏有專門飼養蟒蛇的生態箱，我離開前曾確定蛇都在裏面，但是沒有鎖上車門。案發時，我和哈利·戈爾帕正在舞台上表演。

嫌疑犯

巨人妮歌
世界上最強壯的女子

她的表演項目是徒手拗斷粗大的鐵管。

橡皮人漢斯
懂得軟骨功的奇人

無論是多狹窄的空間，他都能輕鬆穿過。

魔術師吉爾

他可以打開世上所有的鎖。

滑稽小丑亨利

是他發現有蛇闖入馬戲團的帳篷，然後立刻拉響了警報。

哈利・戈爾帕

他訓練的黑猩猩行動相當靈巧。

滑稽小丑女瑪麗

她是相當出色的空中雜技員。

破案線索

幫助你解決謎題

第一個問題

五條被放走的蟒蛇在哪裏？

請仔細觀察，有兩條在馬戲團帳篷外面，另外有三條在帳篷和篷車之內。

第二個問題

是誰偷偷地放走了蛇，竊取收銀箱？

請仔細觀察各嫌疑犯的鞋子和體形，這是關鍵！

真相在第58頁揭開！

希姆斯大酒店怪獸之謎

希姆斯大酒店建於阿爾卑斯山的中心地帶，客人主要是富有的滑雪者。這個冬天，酒店發生了一宗奇聞，竟有幾位客人目擊一頭奇異怪獸「野狗人」闖進了酒店的房間，並偷走了珠寶！隱藏在怪獸背後的，其實是一名不法之徒和一隻小狗，現在就交給你來查出真相。

第一個問題

野狗人如何進入受害者的房間？

第二個問題

誰是犯案者？

證人

珊迪娜·貝洛
酒店客人

事發大約在上午10時，我當時在浴室，忽然聽見有人闖進我的房間，竟是野狗人！我無法理解他是怎麼進來的，我明明已鎖好了門！

帕帕·萊茲
娛樂記者

本來我是來跟蹤珊迪娜的，卻在她房間的門口碰見一頭由人偽裝的怪獸！他消失得非常快，我只來得及拍到這張照片。

梅特·萊弗域
登山纜車的售票員

今天早上，有三位客人來過買票上山，分別是克勞德、阿弗雷和薩米爾。他們都帶着狗登山。

阿妮蒙·奧斯基
雪具出租商人

早上我租了兩套滑雪用具給兩位酒店的女客人，她們是克勞德和賽巴斯汀。

埃德蒙·塔納德
酒店老闆

今早有三位客人在上午10時前就離開了。他們是薩米爾、克勞德和賽巴斯汀。

嫌疑犯

薩米爾 和 葛迪伯

我們來玩單板滑雪，順便調查那頭神秘的野狗人。

克勞德 和 多加貝

多加貝喜歡滑雪，我們一大早就在滑雪道上。

阿弗雷 和 羅頓隆

這十年來我經常到這裏滑雪，我和羅頓隆都擁有自己的滑雪板。

賽巴斯汀 和 帥帥

帥帥和我鍾情於山脈，我們經常徒步登山。

破案線索

幫助你解決謎題

第一個問題

野狗人如何進入受害者的房間？

請仔細觀察受害者的房間有什麼物品被破壞了，你可以由此推斷出野狗人進入房間的方法。

第二個問題

誰是犯案者？

第一個問題的答案可以幫助你排除其中一個嫌疑犯。請根據證人提供的照片和事發時間，排除其他兩個嫌疑犯。

真相在第59頁揭開！

柳樹洞穴奇遇記

松布雷瓦森林是遠離人類的境界，森林裏有一個柳樹洞穴，居住了一羣可愛的小動物。這裏麻雀雖小，五臟俱全，小動物生活得非常舒適，也相處得很融洽。但是……很不幸地，今早就發生了兩件很可怕的事情：有人刻意引發水災，然後趁洞穴空無一人的時候，偷走了重要的財物！小偵探，請盡快破案，抓到擾亂和平的犯人！

第一個問題

小偷把臟物藏在哪裏？

第二個問題

小偷是從哪裏進入房間偷取財物的？

第三個問題

誰有能力引發水災？

受害者

兔子凱文

案發當時我在洞穴裏看電視，洪水突然從走廊蔓延過來而且速度驚人，我差點來不及爬上梯子逃生！等到水位回落，我返回洞穴一看，卻發現我的紅色錢包不見了……

河狸維多

我當時正在修建水壩。艾瑟跑來告訴我發生水災了，底層的洞穴幾乎被淹沒。我聽到後迅速趕去底層修補水管，再排走洪水。根據水管的破壞情況，我肯定它是被一隻有鋒利牙齒的動物破壞的！

嫌疑犯

蚯蚓阿基里

水災發生的時候，我在自己的洞穴沒有出去。我正在健身室鍛煉肌肉。

鼴鼠傑曼

盜竊案發生的時候，我正在喝湯。我隱約見到有人爬上來我的洞穴，但看不清是誰……我必須承認我有點近視。

嫌疑犯

倉鼠艾瑟

我當時在牀上看書。我聽到樓下的洪水聲後，馬上衝上地面通知維多。

狐狸艾迪安

水災發生時，我在工作室修理傑曼的假牙。

貓頭鷹阿蕾特

案發時我正在睡覺。外面的樹枝發出了一些聲響把我吵醒，我沒理會，倒頭再睡。

狗獾約翰·馬克

水災的時候，我正坐在最愛的梳化上看電視。我試圖從逃生梯逃離，但是它太窄了……慶幸洪水沒有淹到我的房間來！

19

破案線索
幫助你解決謎題

第一個問題

小偷把贓物藏在哪裏？

仔細觀察柳樹，它就在附近！

第二個問題

**小偷是從哪裏進入房間
偷取財物的？**

　　請從柳樹底下錯綜複雜的通
道之中，找出一條很筆直的通道，
應該是最近才挖掘的。而且那道路
很窄，並不是所有人都能夠通過，
我們可以藉此排除兩名嫌疑犯。

第三個問題

誰有能力引發水災？

　　河狸維多的供詞可以幫助
你排除第三位嫌疑犯。

真相在第59頁揭開！

案件5

絕密酒店

美岸度假酒店環境清幽、風景怡人。發明家阿蘭·吉湦暫住在這裏，以便專心研發微型潛水艦，但同時也引來很多間諜刺探情報。一天早上，微型潛水艦的模型真的被偷走了！請你深入調查，務必抓到犯人和取回模型！

第一個問題

各房間分別住了哪些酒店客人？

第二個問題

竊賊如何進入阿蘭·吉湦的房間？

第三個問題

竊賊把微型潛水艦的模型藏在哪裏？

第四個問題

竊賊藏身在何處？

第五個問題

誰是罪魁禍首？

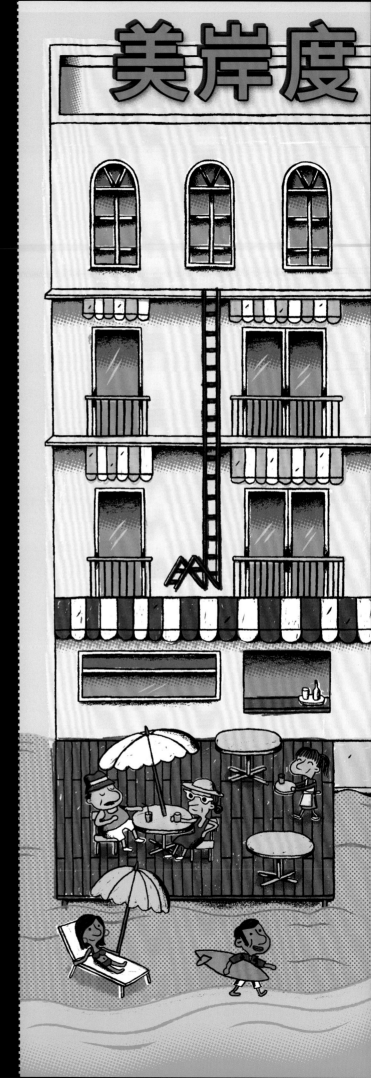

受害者

阿蘭・吉湼
發明家

今天早上，我把微型潛水艦的模型放回房間後就出去游泳了。我確定已把門鎖好。下午4時，我回房間就發現它不見了。

嫌疑犯

奧馬・米頓
廚師

我在下午3時50分回到廚房，看見滿地是水，害我必須把地板擦乾淨！

蘿爾・安格・浦蕾西
侍應

我在沙灘露天平台工作。當時正在服務兩位客人和他們的兒子。除了吉湼先生外，沒有其他人從這一側的門口離開酒店。

雅克・奧爾
前台接待員

沒有鑰匙的話，我們是不可能從外部打開房門的，不過仍然可以從房間內部開門。

嫌疑犯

希斯塔一家：
羅曼、米蘭達 和 白必圖
墨西哥遊客

今天下午我們一家人都在沙灘上。

沃斯特夫婦：科特 和 格蕾塔
德國遊客

中午過後，我們先去放風箏，然後回房間休息。大約到了下午3時30分，我們再出去海邊玩水。

占美・羅賓
英國遊客

我在房間彈結他，然後去了沙灘玩。

瓦帕拉夫婦：阿里雅 和 基蘭
印度遊客

中午過後，我們在寫明信片，然後前往沙灘的露天平台。

假酒店

破案線索

幫助你解決謎題

第一個問題

各房間分別住了哪些酒店客人？

請找出每個客人居住的房間編號。為此，你需要查看各房內的物件、牀鋪的尺寸和數量，並進行推理。

第二個問題

竊賊如何進入阿蘭・吉湟的房間？

請仔細觀察酒店建築的外部。

第三個問題

竊賊把微型潛水艦的模型藏在哪裏？

別忘了潛水艦的用途是什麼。

第四個問題

竊賊藏身在何處？

請你沿着犯人留下的足跡行走，就能找到答案。

第五個問題

誰是罪魁禍首？

你可嘗試根據第二個問題和第四個問題的答案，推斷出竊賊所在的樓層和房間位置。再利用第一個問題的答案，你便能找出犯人。

真相在第60頁揭開！

深海竊賊

比戈諾7號基地是一個位於太平洋深處的超先進科技研發中心。但自從在基地附近發現金礦石之後,基地內部的成員變得很尷尬。大家表面上很友好,實際上各懷鬼胎。今天,事情終於發生了:寶貴的金礦石不見了!究竟是誰犯下這宗深海盜竊案?交由你查明真相吧!

第一個問題

竊賊把金礦石藏在何處?

第二個問題

竊賊如何在不觸發警報的情況下偷取金礦石?

第三個問題

誰是犯人?犯案的具體過程是怎樣的?

深海號-G

比戈諾7號基地

嫌疑犯

馬里卡・皮塔恩
基地指揮官

我在早上8時30分回到辦公室，發現儲物櫃的門被撬開了，裏面的金礦石消失得無影無蹤。警報居然沒響！這太詭異了！

伊維特・艾莉奈爾
生物學家

今天早上，我一直在觀察由杜杜傳送過來的深海圖片。然後突然停電了，伊格爾下來，請我上去指揮室等候，直到恢復供電。

羅朗・狄卡雷
深海潛水員

我並不是基地的成員。我的任務是探索沉船的殘骸，今天早上我一直在回收沉船內廢棄的鋼鐵。

伊格爾・迪納托
技術員

停電的時候，我在維修室修理李高・拉比的潛水飛碟。我隨即啟動緊急電源，然後下去中央發電室檢查故障情況，但目前沒發現任何問題。

安娜・塔遜
潛水員

上午8時我正在潛水，當我看見基地的燈光突然熄滅，就立刻返回基地查看情況。

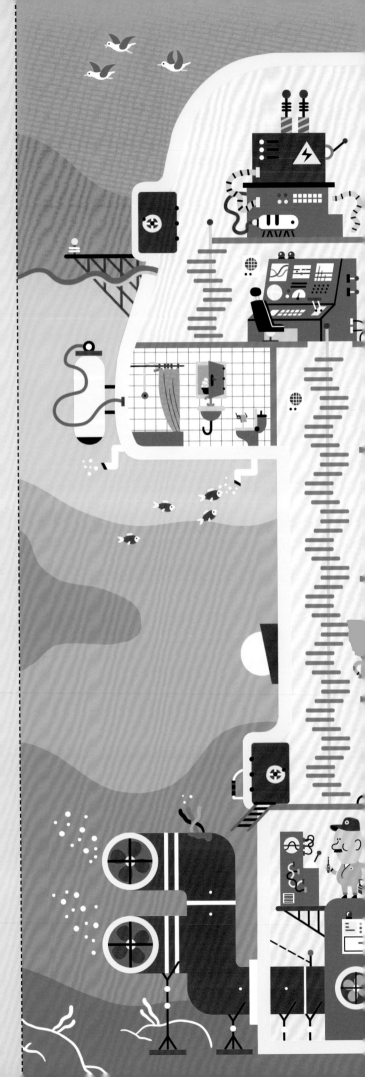

嫌疑犯

李高・拉比
潛水飛碟駕駛員

停電的時候我剛起牀穿衣服，8時15分電力便恢復了。

潛水裝備

這部機械人可以潛至水深500米。它只可以在指揮室遙遠操控，只有安娜和伊格爾懂得操作。它備有許多工具，以便在海底工作。

深海號-G

深海號-G

杜杜的照相機

杜杜是基地馴養的海豚，牠可潛至水深250米，以裝在身上的照相機進行拍攝。牠只聽從伊維特的命令。

李高・拉比的潛水飛碟

飛碟上有一對靈活的鉗子，方便夾取或剪開物件。它可潛水深達150米。

羅朗・狄卡雷的深海潛水服

這款潛水服讓潛水員能夠在海底行走，它能承受最大水深60米的壓力。

安娜・塔遜的潛水服

穿上這款特殊的潛水服後，最多可潛至水深20米。

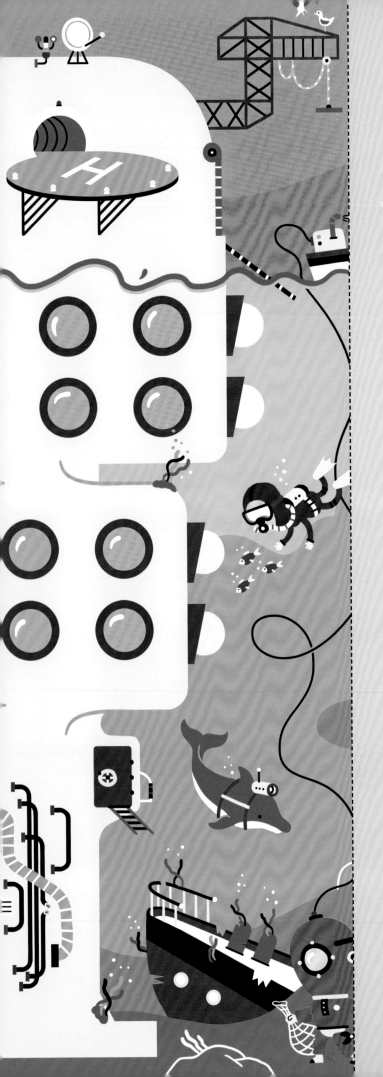

破案線索

幫助你解決謎題

第一個問題

竊賊把金礦石藏在何處？

金礦石沒有被帶離基地，
請你仔細觀察基地內部各處。

第二個問題

竊賊如何在不觸發警報的情況下偷取金礦石？

請你仔細觀察基地外部，
你便會發現警報沒有響的原因。

第三個問題

誰是犯人？犯案的具體過程是怎樣的？

請你找出基地外部哪一處
被破壞，根據那處的水深深度
及破壞方式，你便能推斷誰有
能力犯案。請嘗試重組案情，
推斷犯人的犯案過程。

真相在第60頁揭開！

諜影公寓

位於無憂街007號的公寓，自從住客阿曼汀，艾米特成功發明超強力炸藥後，從此不再平靜。今天下午1時，警察前來拘捕公寓的一名住客華特・奧利斯特，他涉嫌非法藏有一瓶爆炸性液體，但他卻自稱不知道瓶子的用途，是從另一名間諜手上獲得的。現在，請你判別偷取炸藥的間諜的真實身分。

第一個問題

間諜如何從阿曼汀手中偷到炸藥？

第二個問題

間諜的真實身分是誰？

第三個問題

間諜怎麼把炸藥交給華特・奧利斯特？

受害者

阿曼汀·艾米特

早上10時30分，我成功研發了一種爆炸性液體，但一小時後我就把液體丟棄，倒進洗碗槽去了。我完全不理解賊人是如何偷走炸藥的，我一整天都待在實驗室裏，根本沒離開過！

被拘捕者

華特·奧利斯特

我不知道間諜的名字，他只是把瓶子交給我，讓我賣給敵國。我不可以透露更多了！

嫌疑犯

雷米·特伊
鄰居

我已經受夠了我的鄰居！我每天都聽到爆炸聲，還聞到刺鼻的化學劑氣味！

文森·狄龍
煙囪清理工人

我今天早上一直待在屋頂。煙囪太窄了，只有小孩子才能由煙囪爬進屋內。

嫌疑犯

維拉·康塔
保安員

　　今天早上，有個學生在8時左右離開公寓。10時30分，水管工人到了，而煙囪工人在一小時後抵達。特伊先生在11時15分至中午12時期間離開了公寓。水管工人大概在11時45分回貨車拿工具，他一整天沒說話，獨自進出地下室。

德德·布切圖
水管工人

　　我是來解決地下室漏水問題的。我從今天早上一直在地下室工作，沒有人來打擾過我。

東尼·維斯特
學生

　　上午8時我出門上課。離開時，我房間的窗戶是開着的。

奧黛特·厄根
清潔女工

　　我一整天都在打掃樓梯。除了我，只有煙囪工人上過樓梯。

污水道

31

破案線索

幫助你解決謎題

第一個問題

間諜如何從阿曼汀手中偷到炸藥?

請你由阿曼汀的洗碗槽開始沿着水管觀察,找出漏水的地方。

第二個問題

間諜的真實身分是誰?

請你逐一檢查哪個住客沒有不在場證據,並曾於漏水的地方出現,那人就是隱藏身分的間諜!

第三個問題

間諜怎麼把炸藥交給華特·奧利斯特?

首先,你要找出間碟偷取炸藥的時間和地點,然後推理間諜和華特·奧利斯特碰面的地點。留意華特·奧利斯特的鞋底是沾滿污漬的,你推測到他曾去過哪裏?

真相在第61頁揭開!

騎士克納赫的寶藏

歡迎來到布列塔尼海岸的惡魔海岬。傳說中，中世紀一名叫克納赫的騎士把神秘的寶藏藏在這裏。今天，終於有一位奪寶者成功找到寶藏了！現在，請你也來找出寶藏的位置，並查明奪寶者的真實身份。

第一個問題

寶藏藏在哪裏？

第二個問題

在這八個人當中，誰才是獲取了寶藏的人？

這是克納赫騎士留下的神秘信息：

> 寶藏在
> 一座塔上。
> 有騎士雕像的島上。
> 找到巨龍，
> 島上有一口井，
> 井的旁邊有燈塔。
> 爬下井底之後，
> 跳入海中，
> 旁邊有一條通道。

嫌疑犯

布魯諾·弗拉格
瞭望塔守衛

我在一個月前探索附近的遺跡時，發現了這段神秘的信息。因為我完全看不明白，所以把它交給埃麥德·耶瓦爾。

羅倫·唐納
遊客

我剛到這裏就摔斷了腿，已經六個星期了，腿還是沒好。幸好我在海邊找到一艘舊船，讓我可以出海散心。這裏居然沒有租船的地方！

帕蒂·斯卡菲
潛水員

我喜歡駕駛我的潛水艇到海底探索，我由兩個星期前開始探索這片海域。

埃麥德·耶瓦爾
歷史學家

我一拿到布魯諾·弗拉格的神秘信息，就把它展示給我的三個朋友，只有他們看過信息的內容。奇怪的是信息上有兩種字跡……

嫌疑犯

莫妮卡・凡爾納
洞穴學家

埃麥德給我看了一段奇怪的文字，但我看不明白。不過我認為只看其中 部分的內容，才可知道寶藏的位置。

阿爾巴・特洛斯
鳥類保育人員

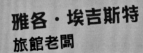

我為了研究海鷗，在這個島上住了一年。只有我有權進入這個島嶼。

雅各・埃吉斯特
旅館老闆

我三個星期前買下了這座莊園，要把它改造成一個豪華旅館。不過我並沒有發現過任何寶藏。

納斯・艾遜
潛水員

我到這裏兩個星期了。我經常到處探索海底遺跡，但是並未見過任何寶藏。

破案線索

幫助你解決謎題

第一個問題

寶藏藏在哪裏？

答案就隱藏在神秘信息當中，請仔細分辨各行文字的分別，選出要閱讀哪幾行！

第二個問題

在這八個人當中，誰才是獲取了寶藏的人？

請你根據各人居住的時間，推斷出誰看過神秘信息。只有一個人既閱讀過神秘信息，又有能力拿到寶箱。那人就是奪寶者！

真相在第61頁揭開！

妖怪大屋之消失的薄餅

妖怪大屋住着一羣怪物，它們不算邪惡，但就是有點笨。它們平日能和睦相處，只是今晚的氣氛特別凝重，因為幽靈廚師賽拉斯特做的三個薄餅不翼而飛了！如果找不出薄餅，今晚怪物們就要餓肚子了。請你幫助它們分析案情，盡快找出罪魁禍首。

問題

這宗失竊案的三個犯人分別是誰？

受害者

賽拉斯特

我做了三個美味的薄餅，上面的配料有大蒜、番茄和魷魚。晚上7時我離開了廚房，一個小時後回來卻發現薄餅已不翼而飛了！

嫌疑犯

碧翠絲

晚上7時30分我在房間裏看日落，之後便去洗澡了。洗完澡大概晚上8時，這期間都沒人來找過我。

范·斯卡佩教授

晚上7時40分，我嘗試了一項實驗，但卻不小心引起爆炸，噴到我全身都是化學溶液。

狼人貝納

我一整個下午都躲在自己的巢穴裏。大概到晚上7時40分，我去電視室看連續劇。

嫌疑犯

吸血鬼德古納茲

　　我在日落的時候起牀。因為輪到我做家務，所以我就到大廳吸塵。我隱隱約約聞到大蒜的味道，這讓我毛骨悚然！

沼澤怪獸

　　我下午一直在大廳看書。到晚上7時20分，我回到沼澤休息。

漢斯

　　晚上7時，我把洗乾淨的實驗袍拿去還給教授。然後我就和我的布布玩耍，牠找到了一個飛碟，我們一直玩到晚上8時。

布布

　　汪汪汪！

破案線索

幫助你解決謎題

問題

這宗失竊案的三個犯人
分別是誰？

線索1

吃薄餅應該會留下番茄
醬的痕跡，請仔細觀察各嫌
疑犯的衣服。

線索2

吃薄餅還有可能掉下殘
渣，請仔細尋找掉在地上的
配料。

線索3

有一個薄餅沒有被吃掉，只
是被用作其他用途，並落在一個
奇怪的地方。快仔細找找！

真相在第62頁揭開！

案件10

奇異的書包

凡妮莎·卡多的書包看似普通，但其實裏面住滿了怪異的妖精！有些妖精個性十分友善，有一些則很愛搗蛋。他們還會肆無忌憚地翻弄你的書包，用完你的物品後還會把它吃掉！可憐的凡妮莎這個星期已經不見了五件物品，她想委託你找出是哪些妖精做的好事！

問題

分別是哪些妖精吃了以下物品呢？

~ 香蕉
~ 鉛筆刨
~ 剪刀
~ 綠色螢光筆
~ 膠水

凡妮莎·卡多
小學4B班

布布林

嫌疑犯

古瓦德

我幫全部人量度了身高，我是最矮小的！

雅加特

我什麼都沒偷。我今早一直忙於建造這座可愛的金字塔。

告斯迪隆

是誰做這些無聊玩意來嘲笑我？

四眼高

我喜歡的是學習，而不是偷竊！

嫌疑犯

巴圖爾

今早我一直在舒服地浸浴。

帕佩琳

我才沒空偷吃東西呢！我忙着打扮。

摩沃茲

乞嚏！嗦嗦……我什麼都沒做。

布布林

我在筆袋睡午覺，什麼也沒看到。

帕佩琳

四眼高

破案線索

幫助你解決謎題

第一個問題

誰吃了香蕉?

觀察香蕉皮在哪裏,推測誰人最有可能把香蕉吃得一乾二淨!

第二個問題

誰吃了鉛筆刨?

我們刨鉛筆時會掉下一片片木屑。觀察誰人用它來製造時尚服飾!

第三個問題

誰吃了剪刀?

有人用剪刀剪出一串紙偶。請細心觀察紙偶上犯人留下的痕跡。

第四個問題

誰吃了綠色螢光筆?

細心觀察哪裏有綠色螢光筆的痕跡,推理是誰在到處亂寫亂畫。

第五個問題

誰吃了膠水?

膠水可以用來建造一個著名的歷史建築,請推理誰是建築師。

真相在第62頁揭開!

溜冰場大水災

馬可蒂克溜冰場是雲集溜冰愛好者的地方。但是今天，奉勸各位人士入場前先穿上泳衣，因為溜冰場的製冷系統遭人破壞了，整個場地變成一片海洋！快！我們必須找出這個可惡的傢伙！

第一個問題
犯人用什麼犯案工具破壞製冷系統？

第二個問題
犯人必須去過哪些地方才能犯案？

第三個問題
誰去過這些地方？

受害者

凡妮莎・格莉斯
溜冰場經理

明明今早一切運作正常。到了下午1時30分，冰面開始融化。我打電話叫羅傑・帕喬過來維修，但是他也無能為力。

嫌疑犯

帕蒂・諾斯
溜冰場收銀員

今早我一直在收銀台工作。這棟大樓所有職員，包括我本人都有地下室的鑰匙，所以當冰面開始融化時，我就下去地下室查看，可惜我不懂得修理機器。

查布林
保齡球場經理

我是在保齡球場開始營業後一小時才到的。全靠今天溜冰場的機器故障，我們突然多了許多顧客！

羅傑・帕喬
維修員

製冷機器的入水口不知道被什麼東西堵住了。水管完全被堵塞，很難進行維修。

46

阿力士・賽普
溜冰冠軍

今天中午我去到溜冰場，他們竟然不讓我免費入場！我可是堂堂溜冰冠軍啊！所以等到保齡球場下午1時開門後，我就去打保齡球了。

黛西・奇莉布蕾
溜冰初學者

今上我不停地跌倒，害朋友們不停地嘲笑我！這讓我太丟臉了，溜冰場要負全責！

勒內・托爾
清潔工人

今早我已經把保齡球場打掃好了。本來下午要清潔溜冰場，但場地臨時關閉。這真的太好了，這代表我多了半天假！

阿琳・安達遜
吸水泵出租商

凡妮莎・格莉斯下午2時叫我過來吸水，因為地下室正在漏水。我抵達的時候，地下室門鎖了進不去，要叫凡妮莎來幫我開門。

保齡球場

溜冰場

風采～！

阿琳‧
安達遜
吸水泵

破案線索

幫助你解決謎題

第一個問題

犯人用什麼犯案工具破壞製冷系統？

請仔細觀察製冷機器，尋找水管被什麼物件堵塞。

第二個問題

犯人必須去過哪些地方才能犯案？

犯人必須去過兩個地方才能犯案。請從第一個問題的答案，推理出其中一個地方。

第三個問題

誰去過這些地方？

一個地方是對外開放的，另一個就不是對所有人開放；請檢查是誰在案發前去過這些地方？

真相在第63頁揭開！

飛龍城堡失寶記

瓦德夫城是一座魔法堡壘，裏面住着各種奇幻的生物。牠們平日相安無事，但是今天卻鬧得不可開交，因為城裏最珍貴的寶石被偷走了！這枚罕見的寶石「龍之心」，一般人是無法輕易盜取的！請你幫忙查出罪魁禍首，拯救這座城堡！

第一個問題
寶石龍之心是什麼顏色的？

第二個問題
小偷把寶石藏在何處？

第三個問題
誰是罪魁禍首？

嫌疑犯

噴火龍　費爾曼
金龍

　　龍之心總是在城堡的頂端閃閃生輝，讓人精神一振！但現在寶石卻不見了，讓我很惱火！

燒烤龍　沃艾
紅龍

　　龍之心有着和我一樣的顏色，不能再看到它，實在太遺憾了！

火柴龍　克拉拉
白龍

　　龍之心被炙熱的火燄圍繞着，誰膽敢貿然竊取寶石，必定會被烈火燒焦！

醉龍　伏特加
黑龍

　　我沒見過龍之心，因為我總是醉得天昏地暗。

嫌疑犯

冰山女王　多莉絲
寒冰魔法師

我的性格猶如寒冬一般冷酷無情。我從不懼怕炎熱，但卻畏高。

雄心巴隆
滅火騎士

我的滅火喉和雲梯能夠戰勝所有火焰。面對烈火、熔岩、灰燼，我從不畏懼！

龍捲風女俠
疾風戰士

我能在空中飛翔，輕盈得猶如一片羽毛，但一旦靠近火焰，肯定會被嚴重燒傷。

滅火巫師　阿歷士
雲雨魔法師

我的雲和雨可以澆滅世上所有的火焰，可惜我無法穿過岩漿。

破案線索

幫助你解決謎題

第一個問題

寶石龍之心是什麼顏色的？

留意所有證供，其中一個嫌疑犯提到寶石的顏色。

第二個問題

小偷把寶石藏在何處？

仔細觀察圖中所有寶石，只有一顆寶石是這種顏色的。

第三個問題

誰是罪魁禍首？

請把嫌疑犯逐一排除，有四個無法偷取寶石，另外三個則無法進入藏有寶石的地方，剩下的一個就是罪魁禍首！

真相在第63頁揭開！

聖誕老人禮物工廠大停工

簡直是場大災難！聖誕老人的禮物工廠停工了！你必須盡快找出機器故障的地方和原因，然後查出破壞者是誰。否則，小朋友在聖誕節會收不到禮物啊！

第一個問題
工廠哪三個地方被破壞了？

第二個問題
犯人用了哪三件工具造成破壞？

第三個問題
誰是破壞分子？

禮物工廠

嫌疑犯

拉米·德貝特
馴鹿治療師

雪橇實在太重了，這些可憐的馴鹿根本拉不動！

謝克爾·佩達羅
運輸帶單車隊隊長

我的精靈們已經筋疲力盡！他們需要休息！

薩娃·圖塔巴
地下工作室負責人

這裏真的太熱了！我的精靈們快承受不住啊！

艾可·諾米克
會計

我有一個新的預算案建議給聖誕老人——南極精靈的工資減一半！

嫌疑犯

辛蒂・卡利斯
精靈工會負責人

除非聖誕老人提供一件聖誕樹幹蛋糕和一杯牛奶，否則我們不會修理任何機器。

聖誕老太婆
聖誕老人的媽媽

就因為這混賬的工作，我的兒子從來沒陪過我慶祝聖誕節！

賽伯・奈迪
發明家

我一直建議聖誕老人把精靈淘汰，全面採用我的機械精靈！

碧可・魯茲
萬能臨時工

我可以在一小時內修理所有故障，但世上沒有免費的午餐！

破案線索

幫助你解決謎題

第一個問題

工廠哪三個地方被破壞了?

請仔細觀察,兩處在室內,一處在室外。在三個被破壞的物件中,一個用於吊起物件,另外兩個的功能是保持轉動。

第二個問題

犯人用了哪三件工具造成破壞?

請你在兩處被破壞的地方附近,尋找掉落的零件,從而推斷犯案的兩件工具。第三件工具需要用一般的常識推理出來。

第三個問題

誰是破壞分子?

請逐一檢查誰人同時持有第二個問題的三件工具,那人就是破壞者。

真相在第64頁揭開!

揭開 真相！

案件 1

案件 2

案件 3

案件 4

案件 5

案件 6

案件 7

案件 8

案件 9

案件 10

案件 11

案件 12

案件 13

案件1

龍蝦號海盜船失竊案

第一個問題

寶物被藏在哪裏？

底艙的火藥桶附近有幾個金幣和珠寶。另外，砲彈狂花艾琳說她昨天點算過火藥只有兩桶，但是今天卻多了一桶。其實犯人把寶物藏進桶裏面，然後在表面鋪上一層火藥，試圖掩人耳目。

第二個問題

哪四個人肯定無法偷取寶物？

寶物重達80公斤，一般小孩是搬不動的，因此我們可以排除寶石女孩瑪麗·皮埃爾和小水手杜杜斯。案發當時雙鈎手約瑟和艾維拉·翠伯特在共進午餐，因此他具有不在場證據。近視獨眼龍被鎖在牢房裏，所以他也不可能犯案。

第三個問題

誰是罪魁禍首？

近視獨眼龍在底艙見過一個小孩和一個長滿鬍子的海盜。那個小孩應是寶石女孩，但她已經被排除了，所以犯人就是有鬍鬚的海盜。小水手說他在甲板上見到沾滿粉末的鞋印，我們可以推斷這是犯人收藏寶物後，經過時留下的。所以，犯人就是長滿鬍子和穿着靴子的海盜：尊尼·克洛平。

案件2

馬戲團大恐慌！

第一個問題

五條被放走的蟒蛇在哪裏？

五條蛇分別在馬戲團帳篷外的門口左側、馬戲團帳篷內左排燈柱上、右排座位底下、巨人妮歌的篷車底下以及在她的牀上。

第二個問題

是誰偷偷地放走了蛇，竊取收銀箱？

大蟒蛇安娜的篷車內的鞋印是圓頭的，因此我們可以排除沒穿鞋子的巨人妮歌和橡皮人漢斯，以及穿尖頭鞋的魔術師吉爾。滑稽小丑亨利的體形過大，根本爬不進收銀車的小天窗，所以他也不是犯人。哈利·戈爾帕可以派他訓練過的黑猩猩從天窗進入收銀車，但是蛇被放走的時候他正在舞台上表演，因此有不在場證據。

最後剩下滑稽小丑女瑪麗，她身型嬌小而且是空中雜技員，身手靈活，有足夠的犯案能力，同時她穿了圓頭鞋，因此她就是罪魁禍首。

案件3

希姆斯大酒店
怪獸之謎

第一個問題

野狗人如何進入受害者的房間？

登山纜車會剛好經過珊迪娜的房間露台，露台上的花朵也被踏平了。我們可以推斷犯人是由登山纜車跳到露台，爬進房間期間踩到花盆。

第二個問題

誰是犯案者？

賽巴斯汀和帥帥徒步登山，沒有乘坐登山纜車，所以是無辜的。阿弗雷和羅頓隆在上午10時仍未離開酒店，因此也無法犯案。根據娛樂記者提供的照片，野狗人身穿雙板滑雪的裝備，但薩米爾和葛迪伯是自備單板滑雪板的，也沒有另租雪具，所以也可以被排除。最後，我們可以斷定犯案者是克勞德和多加貝。

案件4

柳樹洞穴
奇遇記

第一個問題

小偷把贓物藏在哪裏？

錢包被藏在柳樹右側的樹枝上。

第二個問題

小偷是從哪裏進入房間偷取財物的？

有一條地道從凱文的洞穴一直向上延伸至地面，直達柳樹左側，地面的泥土也鬆動，這條通道是最近才挖掘的。而且地道相當狹窄，只有體形較小的動物才能通過，因此我們可以排除狐狸艾迪安和狗獾約翰·馬克。

第三個問題

誰有能力引發水災？

根據河狸維多的供詞，水管是被一隻牙齒鋒利的動物破壞的，所以犯人不是蚯蚓阿基里和貓頭鷹阿蕾特。鼴鼠傑曼的假牙拿去維修了，因此他無能力犯案。剩下的倉鼠艾瑟就是真正的犯人。

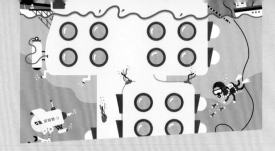

案件5

絕密酒店

第一個問題

各房間分別住了哪些酒店客人？

11號房：沃斯特夫婦（房中有風箏）

12號房：占美・羅賓（房中有結他）

21號房：希斯塔一家（房中有三個牀位）

32號房：瓦帕拉夫婦（房中有許多明信片）

最後剩下的22號房：阿蘭・吉湟

第二個問題

竊賊如何進入阿蘭・吉湟的房間？

房間的落地窗是開着的，竊賊可以從樓上或樓下的陽台爬至逃生梯，然後進入阿蘭・吉湟的陽台，再進入房間。

第三個問題

竊賊把微型潛水艦的模型在哪裏？

模型在海底洞穴的附近。

第四個問題

竊賊藏身在何處？

犯人留下的水跡由酒店地下室開始出現，因為被奧馬・米頓擦乾淨而在廚房中斷了。但是水跡在地下大堂的升降機前重新出現，一直延伸到一樓的地面。所以竊賊必定藏身在一樓的其中一個房間。

第五個問題

誰是罪魁禍首？

只有住在阿蘭・吉湟的樓上或樓下的人，才能接觸到右翼的逃生梯，因此犯人必須住在右翼的房間。因為竊賊必定藏身在一樓，所以犯人是12號房的占美・羅賓。

案件6

深海竊賊

第一個問題

竊賊把金礦石藏在何處？

金礦石藏在浴室的櫃裏。

第二個問題

竊賊如何在不觸發警報的情況下偷取金礦石？

中央發電室外部的電纜被切斷了。竊賊先引起電路故障，讓警報裝置無法運作，他才可偷取金礦石。

第三個問題

誰是犯人？犯案的具體過程是怎樣的？

電纜的切口相當平整，相信是被工具切斷，而不是被咬斷或者拔斷的。伊維特的海豚杜杜無法使用工具切斷電纜，所以犯人不是伊維特。

犯人必須是基地的成員，並有能力潛到這麼深。李高・拉比的潛水飛碟正在維修中，所以只剩下深海號−G有這個能力。

安娜・塔遜穿上潛水服後只可潛到水深20米，而且事發時她正在潛水，無法在指揮室操控深海號−G。所以，嫌疑犯只餘下另一個懂得控制機械人的伊格爾・迪納托，他就是犯人。

具體的犯案過程如下：基地在上午8時發生電路故障，8時15分恢復供電，伊格爾是在這15分鐘內犯案的。他下樓去基地指揮官辦公室的途中碰見伊維特，然後叫她先行上去指揮室等候，自己卻溜進辦公室偷取金礦石，再把它藏在浴室櫃子裏。犯案後，他才啟動緊急電源，恢復電力供應。

案件7

諜影公寓

第一個問題

間諜如何從阿曼汀手中偷到炸藥？

阿曼汀在上午10時30分把炸藥研發成功，然後在11時30分把它倒進洗碗槽。她從未離開過實驗室，所以間諜是在別處偷取炸藥的。我們沿着洗碗槽的水管觀察，可發現有兩個漏水處：雷米‧特伊的浴缸上方和地下室。因此，間諜必然是在其中一處取得炸藥的。

第二個問題

間諜的真實身分是誰？

雷米‧特伊和東尼‧維斯特案發時並不在公寓。由於煙囪太窄，只有小孩子才能通過，因此犯人不能夠從煙囪爬進雷米‧特伊的房間取得炸藥。剩下唯一的犯案地點就是地下室，由於今天只有水管工人德德‧布切圖獨自進出地下室，所以他正是間諜。

第三個問題

間諜怎麼把炸藥交給華特‧奧利斯特？

德德‧布切圖在地下室的漏水處，盜取了由阿曼汀在11時30分倒進洗碗槽的炸藥，然後在11時45分回到貨車，打開水渠蓋進入污水道和華特‧奧利斯特碰面。這也是華特‧奧利斯特被捕時鞋底沾滿污漬的原因。

案件8

騎士克納赫的寶藏

第一個問題

寶藏藏在哪裏？

若要找到寶藏，必須先破解神秘信息。莫妮卡‧凡爾納雖不明白文字意思，但説出了重點：只需要看其中一部分的內容。信息中單數行和雙數行的字跡是不同的，我們只要閱讀單數行，就可以得到一段完整的信息：「寶藏在有騎士雕像的島上。島上有一口井，爬下井底之後，旁邊有一條通道。」

根據這信息，我們可以鎖定雅各‧埃吉斯特所住的島嶼。沿着水井往下，井底右側有一條通道，而盡頭有一個已經被打開的寶箱。

第二個問題

在這八個人當中，誰才是獲取了寶藏的人？

埃麥德從布魯諾手中得到神秘信息後，展示給三個朋友，所以奪寶者就在這五個人當中。埃麥德是在一個月前給人看的，因此居住時間不足一個月的人可以被排除，剩下羅倫‧唐納、莫妮卡‧凡爾納和阿爾巴‧特洛斯。

埃麥德需要坐輪椅，而羅倫腳部受傷，兩人無法爬下井底，因此可被排除。若要前往雅各所住的島嶼，奪寶者必須有渡海工具，由於沒有租船的地方，所以我們可以排除布魯諾和莫妮卡。剩下有能力的人就是阿爾巴‧特洛斯，而且寶箱的另一側通向她有特權的海鷗島嶼，她無需前往雅各的島嶼也能夠偷取寶物。

案件9

妖怪大屋之消失的薄餅

問題

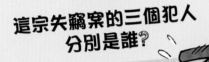

這宗失竊案的三個犯人分別是誰？

犯人一定不是德古納茲。因為薄餅裏面加了大蒜，而大蒜是用來驅逐吸血鬼的！

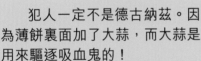

電視室的地上有一根魷魚鬚。因為只有狼人貝納有去過電視室，所以是他一邊吃薄餅，一邊看連續劇時留下的。

范·斯卡佩教授的實驗袍上有紅色的污漬，然而實驗爆炸只會噴出綠色的化學溶液，因此紅色污漬一定是在7時40分實驗爆炸之前留下的。由於漢斯在晚上7時才把乾淨的實驗袍還給教授，所以紅色污漬是在7時後留下的，與薄餅消失的時間吻合。因此可以推斷這是范·斯卡佩教授吃薄餅時不小心留下的番茄醬。

第三個薄餅在沼澤旁大樹的樹枝上，它就是布布找到的飛碟！

案件10

奇異的書包

問題

分別是哪些妖精吃了以下物品呢？

~ 香蕉

~ 鉛筆刨

~ 剪刀

~ 綠色螢光筆

~ 膠水

1. 筆袋裏有一塊香蕉皮，是布布林吃完香蕉後在筆袋睡午覺。

2. 帕佩琳的短裙是用鉛筆木屑做成的，所以是她把鉛筆刨吃掉的。

3. 我們要用剪刀才能剪出一串紙偶。紙偶上面沾滿黃色的鼻涕，所以吃掉剪刀的是摩沃茲。

4. 在小學數學書的封面上面寫有綠色筆跡的「四眼高到此一遊」，所以是四眼高寫字後，把綠色螢光筆吃掉的。

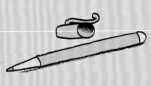

5. 雅加特的彈珠金字塔黏滿了膠水，所以是她把膠水吃掉的。

案件11

溜冰場大水災

案件12

飛龍城堡失寶記

第一個問題

犯人用什麼犯案工具破壞製冷系統？

製冷機器的水管被一個保齡球堵住了。

第一個問題

寶石龍之心是什麼顏色的？

龍之心和燒烤龍沃艾有着一樣的顏色，因此龍之心是一顆紅寶石。

第二個問題

犯人必須去過哪些地方才能犯案？

犯人必須去過保齡球場才能取得保齡球，然後再到地下室把製冷機器的水管堵住。

第二個問題

小偷把寶石藏在何處？

寶石藏在左下方的洞穴中。

第三個問題

誰是罪魁禍首？

第三個問題

誰去過這些地方？

只有大樓的職員才有地下室的鑰匙，因此我們可以排除阿力士·賽普、黛西·奇莉布蕾和阿琳·安達遜。餘下的嫌疑犯當中，只有勒內·托爾和查布林去過保齡球場，但是查布林在開場後一小時才到達，即下午2時。而冰面是下午1時30分開始融化的，因此犯人不是她，而是勒內·托爾。

醉龍伏特加可以先被排除，因為牠連龍之心都沒見過。而龍之心位於城堡頂端，因此我們也可以排除畏高的冰山女王多莉絲及沒有翅膀的噴火龍費爾曼。龍之心被烈火包圍，所以怕火的龍捲風女俠也不是犯人。

此外，左下方洞穴的入口非常窄，而且有岩漿隔絕。火柴龍克拉拉和燒烤龍沃艾的體形太大，無法通過入口；滅火巫師阿歷士也無法穿過岩漿，所以他們都不是犯人。

最後剩下雄心巴隆，他可以用雲梯渡過岩漿、用滅火喉滅火，所以他是罪魁禍首！

案件13

聖誕老人禮物工廠大停工

第一個問題

工廠哪三個地方被破壞了？

中央運輸帶的左方，其中一個齒輪不見了。那齒輪被扔在露台上。

起重機的繩索被燒斷了。

工廠門口有一部鐵道礦車，因螺絲鬆脫而出軌了。

第二個問題

犯人用了哪三件工具造成破壞？

拆下齒輪：扳手

燒斷繩索：蠟燭或火把

令礦車螺絲鬆脫：螺絲批

第三個問題

誰是破壞分子？

只有一個嫌疑犯同時擁有以上三個工具，他就是賽伯‧奈迪。他手持火把，而他的機械精靈裝備着扳手和螺絲批。

思維遊戲大挑戰

真相只有一個 ③

作　　者：保羅‧馬丁 (Paul Martin)

繪　　圖：吉翁‧德科 (Guillaume Decaux)

弗雷德‧索查德（Fred Sochard）

查理斯‧杜特爾（Charles Dutertre）

文森‧伯格（Vincent Bergier）

西爾維‧貝薩德（Sylvie Bessard）

馬蒂亞斯‧馬林格（Matthias Malingreÿ）

克洛特卡（Clotka）

馬努‧伯圖（Manu Boisteau）

艾米莉‧哈雷（Émilie Harel）

翻　　譯：吳定禧

責任編輯：黃楚雨

美術設計：鄭雅玲

出　　版：新雅文化事業有限公司

香港英皇道499號北角工業大廈18樓

電話：（852）2138 7998

傳真：（852）2597 4003

網址：http://www.sunya.com.hk

電郵：marketing@sunya.com.hk

發　　行：香港聯合書刊物流有限公司

香港荃灣德士古道220-248號荃灣工業中心16樓

電話：（852）2150 2100

傳真：（852）2407 3062

電郵：info@suplogistics.com.hk

印　　刷：中華商務彩色印刷有限公司

香港新界大埔汀麗路36號

版　　次：二〇二一年五月初版

二〇二二年三月第二次印刷

ISBN: 978-962-08-7731-5

Originally published in the French language as "Enigmes à tous les étages - L'immeuble aux Espions (tome 3)"

© Bayard Éditions, 2015

Traditional Chinese Edition © 2021 Sun Ya Publications (HK) Ltd.

18/F, North Point Industrial Building, 499 King's Road, Hong Kong

Published in Hong Kong, China

Printed in China